中国科普名家名作

趣味数学故事

美绘版

绕着地球走

谈祥柏 著/许晨旭 绘

中国少年儿童新闻出版总社
中国少年儿童出版社
北 京

$a^n \cdot a^m = a^{n+m}$

$x^2 + 3y^2 = 0$

$2x + y = 2$

$= u$

$= v$ $\quad x^2 + (a+b)x + ab = (x+a)(x+b)$ $\quad x^3 + 3ax^2 + 3a^2x$

$\dfrac{x}{3-2} \Big|_{2}^{3}$

$= 11$

$2^{4y+1} - 3^y = 0$

$\times 1-$ $\quad f(x) = ax^2 + bx + c$

$-x +$

$3x +$

$5x +$

$5-9x$

$= \dfrac{\frac{2}{1}}{8^{x-2}}$

$i^2 = -1$

$|a + bi| = \sqrt{a^2 + b^2}$

$P(x) = (x-r)Q(x)$

$\begin{bmatrix} 6 & 3 & 1 & 23 \\ -1 & 2 & 4 & 5 \\ 5 & -1 & 1 & 7 \end{bmatrix}$

$\dfrac{8}{x+1} - \dfrac{5}{x-4} =$

$= a^{\frac{1}{n}}$ $\quad \sqrt{ab} = \sqrt{a}\sqrt{b}$ $\quad d(P_1, P_2) = \sqrt{(x}$

$\dfrac{-b \pm \sqrt{b^2 - 4ac}}{2a}$

$(x-h)^2 + (y-k)^2 = r^2$ $\quad (a +$

$(x-h)^2 + k$

$y = y_1 + m(x -$

5

$A = Pe^{r\cdot}$

$(f \circ g)(x) =$

$^3 = (x+a)^3$

$\dfrac{(y-k)^2}{b^2} = 1$

a

a

$\begin{bmatrix} b & u \\ d & v \end{bmatrix} \dfrac{(x-h)^2}{a^2} +$

c

$3\omega^2 + 11 = 4\omega$

$X = b^y$

$- z = 6$

$- z = 10$

$- 5z = 1$

$P(x) = (x-r)Q(x) + R$

$\dfrac{4}{3}\pi r^3$

$x^2 + 2ax + a^2$

$P(x) = x^6 - 5x^4 - x^3$

$+x^2$

$\dfrac{}{)(x-2)^2} = \dfrac{A}{(x-1)} + \dfrac{B}{(x-2)} + \dfrac{C}{(x-2)^2}$

π

$= (x+a)$

$\dfrac{x - 37x^3 - a^3}{)(x-4)} = (x-a)(x^2 + ax + a^2)$

$)^2 + (y_2 - y_1)^2$

$f(x) = mx + b$

$\dfrac{x^7 + 2x^6 + x^4}{x^3(x+1)^8}$

$(a-bi) = a^2 + b^2$

$\overline{(a+bi)} = a - bi$

$ab + ac = a(b+c)$

5

$A = Pe$

$(f \circ g)(x) =$

$= (x+a)^3$

$\dfrac{(x-h)^2}{a^2} + \dfrac{(y-k)^2}{b^2} = 1$

$\begin{bmatrix} u \\ v \end{bmatrix}$

a

ax

cx

$3\omega^2 + 11 = 4\omega$

$x = b^y$

$z = 6$

$z = 10$

$5z = 1$

$P(x) = (x-r)Q(x) + R$

$\dfrac{4}{3}\pi r^3$

$x^2 + 2ax + a^2$

$(a+b)$

$\dfrac{x^2}{(x-2)^2} = \dfrac{A}{(x-1)} + \dfrac{B}{(x-2)} + \dfrac{C}{(x-2)^2}$

$P(x) = x^6 - 5x^4 - x^3$

π

$= (x+a)^2$

$x^3 - a^3 = (x-a)(x^2 + ax + a^2)$

MU LU

目录

$f(x) = mx + b$

$-bi) = a^2 + b^2$

$\dfrac{x^7 + 2x^6 + x^4}{x^3(x+1)^8}$

$\overline{(a+bi)} = a - bi$

$ab + ac = a(b+c)$

SHUI XIANG REN JIA

水乡人家

　　萌萌是个非常聪明的小姑娘，长着两只大大的眼睛，

头扎一个马尾辫，都上初中了，还那么爱唱爱跳，活像

一只百灵，大家都亲切地称她"小百灵"。她家住在京

杭大运河终点附近的一个水乡古镇上。暑假里，她跟随父母北上探亲，看到了外公外婆、舅舅舅母，生活过得好不愉快。

她的表弟淘淘今年正在读小学五年级，人长得憨头憨脑，但头脑很灵活，发散思维特强，说话想问题总是与众不同，有时还不免冒出点儿傻劲儿，父母总爱亲昵地称他为"傻小子"。一天晚上，全家人一边吃冰镇西瓜，一边聊天。傻小子对表姐说："明年暑假，我小学毕业想上你家去玩。跟我说说你家周围的环境吧。"小百灵听完表弟的话，想起了她不久前写的一篇作文，它还是得奖之作呢！里面有些句子，印象很深，还能记得，于是她就像唱山歌似的哼了起来：

141号

要说我们的家乡啊，

世外桃源在水乡，

长街倒映水中央。

家家楼房倚水筑，

小桥流水好风光。

水连水，港连港，

依水为市更兴旺。

运河之水无边际，

白帆出水去远航。

11号

傻小子一听，脑袋里马上回忆起他在一本画报上看到过的"运河之旅"摄影图片，恨不得明天就是明年，好跟爸爸妈妈到杭州玩去。

他的发散思维像是"跑野马"，一下子又回到正题上来："这样说，你家住在一条河滨大街上，只有一侧建有房屋。想必各户人家的门牌号码都是1号、2号这样依序编下去的，其中没有跳号，也没有重号。是这样的吗？"

调皮的小百灵告诉他，除了她家以外，其余各家的门牌号数加起来，正正好好等于"1万"这个整数。接着，她追问了一句："你能猜得出我家的门牌是几号？这条河滨大街共有多少门牌号码吗？"

傻小子的爸爸妈妈听了这个问题，在一旁微笑起来。他们想，此题不易，其中有两个未知数，需要设 x 与 y，如果按照级数求和公式去套，将会出现二次方程。没有学过代

数的小学生，怎么能够解决呢？看来，傻小子这次肯定要出洋相了。

但是他们的估计完全错了，聪明的傻小子马上想起德国大数学家高斯小时候的故事：高斯在他年幼的时候，就能算出 $1 + 2 + 3 + \cdots + 100$ 这个难题。这个故事傻小子听过好多遍，印象极深，不但可以背得出来，而且连和数 5050 都记得清清楚楚。

傻小子心想，既然表姐说和数等于 1 万，那么我也可以来试探一下，看 1 万是不是 $1 + 2 + \cdots + 150$ 的和。先来"毛估"。由于后面的数目越加越大，所以不要先拿 150 作为上限，来个 140 吧！

当然，他用的也是高斯用过的办法：

$$1+2+3+4+5+\cdots+138+139+140$$

$$=70 \times 141$$

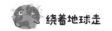

=9870（共 70 对，每对之和是 141）

得到这个数之后，傻小子非常开心，因为它与已知和数 10000 非常接近了。

于是，他把上限修正为 141，不再用上面的办法，干脆直接加上去，得出 9870 +141 =10011。

很明显，10011 - 10000 = 11。

他高兴地跳了起来："表姐！河滨大街共有 141 号门牌，你家住的是第 11 号！"

傻小子的爸爸是个数学教师，他听完儿子的解答后追问一句："你能肯定这条大街就 141 号吗？"

傻小子沉默了一会儿，然后信心十足地说："假定还有 142 号，这时总和将是 10011 + 142 = 10153。很明显，表姐家不管住在哪一号，把她家的门牌数扣除之后不可能得出 10000 来。这就说明肯定不存在其他答案，这条大街数字最大的门牌是 141 号。"

爸爸高兴地点点头，为儿子通过一种巧妙的办法解决了这道趣题而高兴。他很有感触地说："傻小子使用的是一种非常规的、试探性的、别出心裁的办法。其实，在人类的科技进步史上，曾经有过无数类似的事例，它们都是用出奇制胜的方法来解决一些难以解决的问题，这好比是打蛇要打'七寸'那样。"

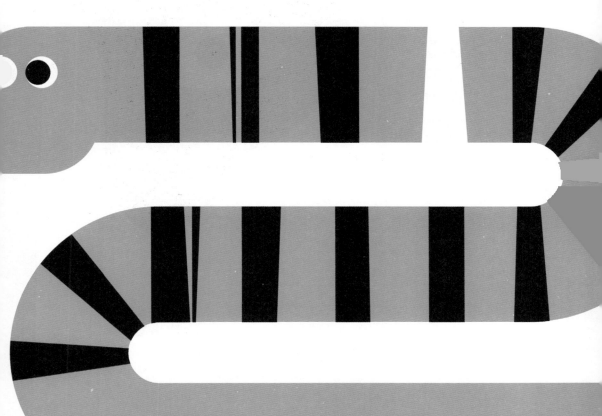

妖精的尾巴

近些日子，傻小子对小说《封神榜》着了迷，没早没晚地看它，根本没有心思做功课，家庭作业也落下了一大堆。

正巧，科普作家老刘到他家里做客。大家都希望这位大名鼎鼎的"速算老人"能想出些点子，使这个牛脾气的傻小子改邪归正。吃过水饺以后，大家在电视机前聊天。傻小子不怕陌生人，竟同刘爷爷有一搭没一搭地聊上了。他们天南地北，无所不谈，一直说到了狐狸精的尾巴。傻小子眉飞色舞地向刘爷爷表达他的见解："亏得有了云中子的照妖镜，才使妖精露出了尾巴。"

老刘一面和他搭腔，一面拿起桌子上乱放的作业本随便翻看。他发现，由于傻小子的粗心大意和漫不经心，有不少乘法都算错了。于是，他笑眯眯地说："乘法里头也有'狐狸尾巴'的故事，让我来说给你听。"这席话太出人意料，竟把附近的小百灵等几个玩伴也

给吸引了过来。 刘爷爷慢吞吞地呷了一口茶，清了清嗓子，便打开了话匣子："美国前总统里根下台以后，搬出白宫，全家移居到一所大房子里去住。这座房子的门牌是 666 号，南希夫人一看，心中很不高兴，这不是《圣经》里头的'野兽数'吗？太不吉利了，住进去的人要倒霉的。于是她就通过市政当局，硬是把门牌号改成了 667 号。

"这个 667，虽然只差一号，却有一些'特异功能'，主要表现在乘法上面。"刘爷爷讲到这儿，转向傻小子，"好小子！我看你读书不大用心，但乘法的一些主要性质，总该知道吧！"傻小子一听，愣头愣脑地顶撞："什么性质不

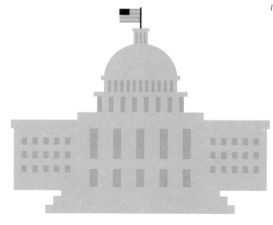

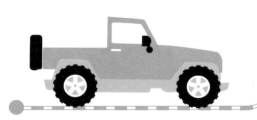

性质，我可不在乎。只要
会做题，不就行了吗？不
过，您既然提到它，我倒
是想听听。"

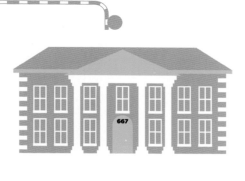

老刘生怕小孩子玩心太重，屁股坐不牢，便连忙
竹筒倒豆子似的赶快说出来：

"**被乘数 × 乘数 = 乘积，乘积 ÷ 乘数 = 被乘
数**。这个道理，想必大家都懂。不过，除了知道乘数
以外，你必须把乘积全部说出来，别人才能通过除法
来还原。假使有人存心'卖关子'，截留下一部分结果，
只是把积'尾巴'说出来，要想求出原来的被乘数，
一般人恐怕是办不到的。不过，我却能做到。

"不信，先让我们来做一个游戏。你可以在心里
随便想一个数，它可以是 1 位数、2 位数或者 3 位
数，然后你用这个想定的数去乘 667，求出乘积。这
时你不用告诉我乘积的全部结果，只要透露它的'尾

巴'——想定的数是 1 位数，就说出最右边的 1 位；如果是 2 位数就透露倒数 2 位， 3 位数则告诉倒数 3 位——我就能十拿九稳地猜出你心中认定的数目。"

老刘把话刚说完，这下子别说傻小子不信，连小百灵她们也都认为不可能。于是大家七嘴八舌，商议着挑选出几个数字当"狐狸精"，让速算老人猜一猜。

傻小子选的数是 8，这个数现在很受欢迎，有好多人都把它同"发财"直接联系起来。他轻而易举地布下算式：

8 × 667 = 5336

"刘爷爷，尾巴是 6。"谁知，他的话音刚落，老刘就脱口而出："傻小子，你那数是 8。" 小百灵心存怀疑，她选了 3 位数 571：

571 × 667 = 380857

"刘爷爷，我的数尾巴是857!"老刘一听，不慌不忙地说:"小姑娘,你选的数,可是那个非同小可的571啊!"大家惊奇地跳了起来，一哄而上，围着老刘，要求他说破原理。正在此时，老刘家打来电话:"外地来人,找你有事,赶快回家。"老刘匆匆忙忙地走了。傻小子恋恋不舍地送他出门。

临走前，刘爷爷向他咬咬耳朵，丢下锦囊妙计:"好小子，你拿999试一试，就能找出窍门来。"

傻小子回到家二话没说，就掏出纸和笔算了起来:

999 × 667 = 666333

"尾巴数"是333,同999正好是1比3的关系。

这下可露馅了!窍门原来就在这里:只要把"尾巴数"乘上3,就可使"妖精"露出原形来!傻

小子兴奋得不得了，因为他心中已经形成了一种猜想，接下来便是"大胆假设，小心求证"。他拿 571 等数试了一试，果然完全灵验！他越想越高兴，心里乐滋滋的，比考到 100 分还要高兴，因为他真的体验到了发现的乐趣。

接着，他寻根刨底地发现：**667 × 3 = 2001**，拿任意一个 1 位数、2 位数或者 3 位数与它相乘，得数的"尾巴"上就是这个数。这好比一个拖鼻涕照镜子的小孩，镜子里的小孩也在拖鼻涕照镜子一样。

可是，4 位以上的数用这个办法就不行了。不过，也有办法，只要把乘数 **667** 改为 **6667** 就可以了。正是由于这种奇妙的特性，人们把 666…667 这样的数称为"数字透镜"——它好像是使"狐狸精"显露原形的一面"照妖镜"。■

HOU ZI LIAN HUAN

猴子联欢

傻小子属猴，所以，他很偏爱猴子。

于是，在他去江南游玩的时候，也没忘记去会会他的猴子"朋友"。他和小百灵等人专程去了趟太湖风景区"猴山"。真是不看不知道，一看吓一跳。"猴山"上居然实行"封建帝制"，一只老公猴在那里称王称霸，随意欺压"臣民"。善良的傻小子看了以后，心里很气愤，暗暗骂道："无法无天的猴王简直是在给猴子家族抹黑！"

当他们走进一间猴房时，看到18只穿戴讲究的猴子正围坐成一圈，捡食着瓜子、花生、糖果等食物。原来，这些猴子是表演"明星"，它们正在用餐呢！只见它们有的头上扎着彩色花结，身着漂亮的裙子；有的穿着西式马甲，打着领结，个个神气十足。

正巧，18只猴子中公母各占一半，也就是说有9只公的，9只母的。

"这些'猴小姐''猴先生'们坐得不太合理，'小姐'和'先生'们乱坐在一起，似乎不符合社交礼仪。"好事的小百灵像发现新大陆似的说起来了。

"好吧，我来给它们掉换座位，使它们按一公一母这个规律坐。"傻小子自告奋勇。

其他小伙伴都拍手称赞。于是，傻小子便开始对猴子发号施令起来。挪挪这个，动动那个。由于他没有统一考虑，以为随便掉换几只猴子的位置就行了，没想到猴子可不那么听话，只见这边刚调整好，那边却又乱了套。真是摁下

葫芦起了瓢，费了半天工夫也没达到目的。

这时，陪他们同游的舅舅发话了："办事要有个通盘考虑，要用学过的知识来考虑问题。你不是已经学过**奇偶数**吗？想想看，有什么好办法，使得用最少的次数就能调整好座位？"

傻小子一听来劲了："是啊，我怎么就没想到算一算呢？"于是，他掏出纸和笔，画了一个草图。用**" + "号代表公猴，" - "号表示母猴**，猴子的围坐情况如图1。试了试，不成功；再试一试，又失败了。他陷入了苦思。突然，他一跳三丈高，乐不可支地嚷起来："我有好办法啦！"

于是，他走到猴子旁边，给猴子编上号，数了数坐在奇数号位置上的母猴，共有2只，座号为11、15。他又数了数坐在偶数号上的公猴数，也只有2只，它们是4号和16号。他只掉换了这两对猴子，很快就把座位调好了。对调以后的情况如图2。

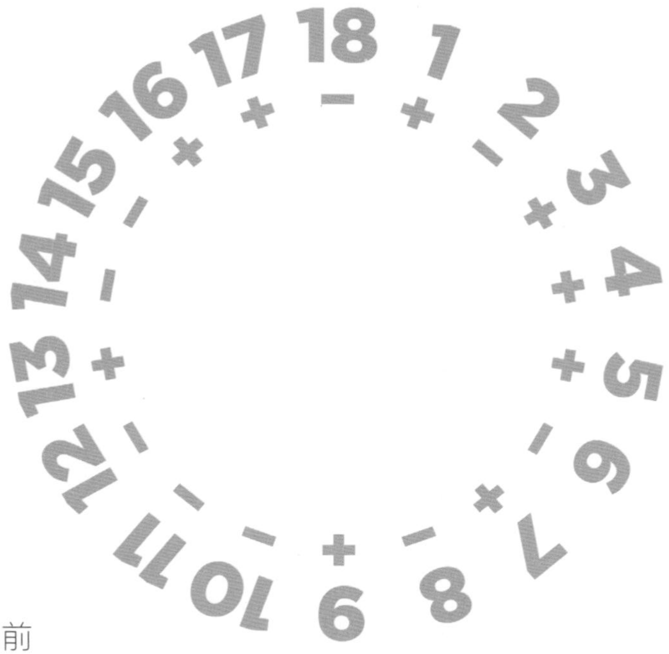

图 1 对调前

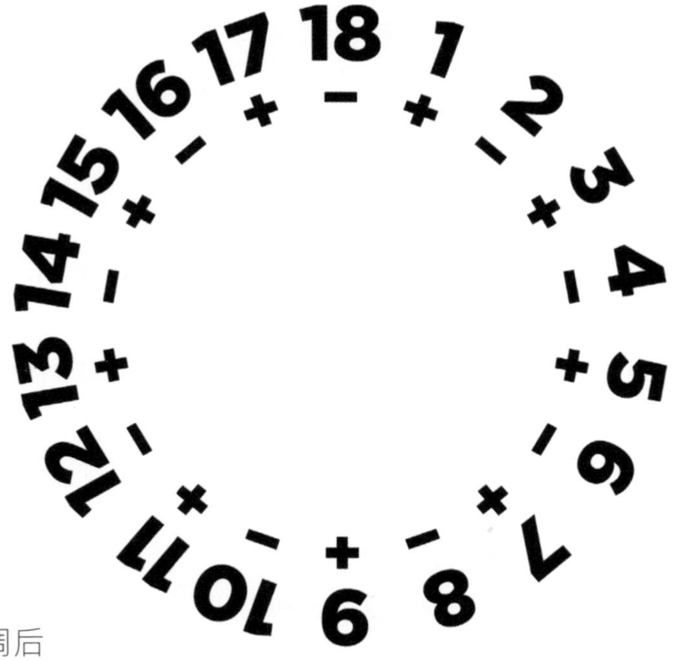

图 2 对调后

小百灵问："我掉换奇数号位置上的公猴和偶数号位置上的母猴行吗？"

"当然行，只不过，那样掉换的次数多。你数数，坐在奇数号上的公猴有 7 只，自然，坐在偶数号上的母猴也有 7 只，需要掉换 7 次，这样很麻烦，不快捷。"傻小子说。

他们看完了精彩的动物表演后才离去。

傻小子的方法很好。我们进一步分析一下，可以看出，不论猴子当初怎么坐，总不外乎这两种情况：

（甲）奇数位置上公猴的只数至多不超过 4 只。

（乙）奇数位置上公猴的只数在 5 只或 5 只以上。

这两种情况是相互排斥的，任何坐法不属于甲即属于乙。因为：

如果是甲，那么，可以通过简单的逻辑推理，推出奇数位置上的母猴数不少于 5 只，偶数位置上的母猴数不多于 4 只。

如果是乙，那么，可以推出奇数位置上母猴只数不多于 4 只，也就是偶数位置上公猴的只数不多于 4 只。所以，只要解决其中的一种情况，另一种就迎刃而解了——只需要把考虑对象换一下即可。■

有记性的糖

YOU JI XING DE TANG

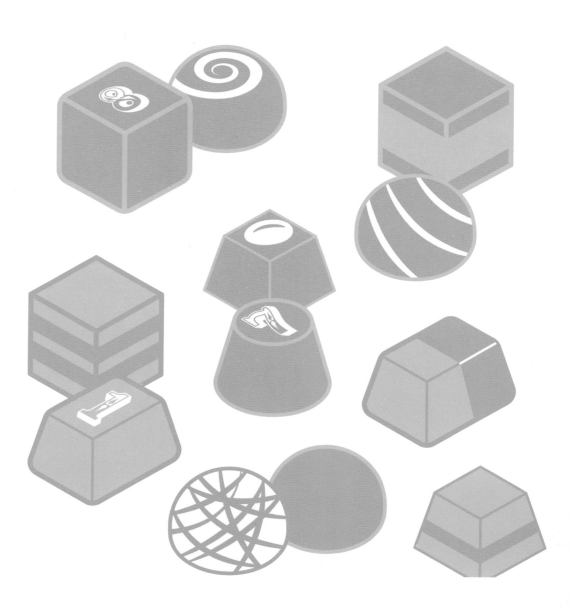

小百灵的生日即将来临，大家准备好好庆祝一番。

小百灵的舅舅刚从上海开会回来。此人脑袋瓜特灵，是个不折不扣的"智多星"。大家都夸他点子多，此番筹备生日宴会及余兴节目的任务，不免又要落到他头上。他呢，二话没说，一口就答应了。

饭桌上，话题忽然转到"怡红公子"贾宝玉身上。大家都知道，《红楼梦》中的宝玉哥儿，只不过十几岁那么点儿年纪。宝玉的脖子上挂了块"通灵宝玉"，那玩意儿就是现今很时髦的吉祥物。说着说着，傻小子忽然开腔道："今天最好也有个吉祥物来为我们助助兴，那才有劲哩!"

小百灵心领神会，她拿出一大把舅舅早已为她准备好的巧克力糖。小百灵的舅舅买的巧克力糖很有意思，看上去挺别致，像是有意定做的，样子就似一块"通灵宝玉"；不过巧克力糖是正方形的，上面还刻着 4×4=16 个方格。

"咦，这巧克力糖怪有趣的，上面还有文字和阿拉伯数字呢！"傻小子边看边说。

大家听了以后，顺手拿过来一看，果然，背面写着 8 个大字"好好学习，天天向上"，正面是填满数字的一个图形（见图 3）。

大家正在七嘴八舌地议论这些数字时，傻小子大嚷起来："这些数字真有意思，我发现了它的奥妙啦！"

7	12	1	14
2	13	8	11
16	3	10	5
9	6	15	4

图 3

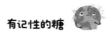

谁也不肯示弱，大家冲着这玩意儿猜想着其中的奥秘，东说一句，西说一句。最后，还是傻小子讲得原原本本，比较完整。

根据他的概括，这个图形大致有以下几种"特异"性质：

（1）在这 16 个格子里，正好包含着 1 到 16 这 16 个自然数，既不重复，也不遗漏；

（2）任一横行，任一纵列，任一对角线上 4 个数之和都相等，统统等于 34（小百灵记得老师曾经讲过，这种东西叫作**幻方**，最早的幻方在夏禹治水的远古时期就已经有了）；

（3）任一条"拗断"的对角线上 4 数之和也等于 34，例如 **12+2+5+15=34，11+10+6+7=34**，等等（这在一般幻方中是看不到的）；

（4）大家知道，在国际象棋中，"象"一步可斜走 2 格，这叫"飞象"；图中，凡是"象"步可

到达的任意 2 格，这 2 个数之和全都等于 17，例如 **2+15=17，16+1=17**，等等；

（5）位于任意一个 2×2 的小正方形内的 4 数之和也等于 34。

说到这里，小百灵的舅舅情不自禁地夸奖傻小子观察能力真强，同时补充了一句："傻小子，真有你的。但你还得注意，这种小正方形的顶上 2 数与底下 2 数，还有左边 2 数与右边 2 数也可以被认为位于同一个 2×2 的小方格内，因为它们的和也等于 34。" 如图 4，**2+16+11+5=34,12+1+6+15=34,7+12+9+6=34，1+14+15+4=34**，等等。

舅舅说完，又拿起一把小刀，接着说："沿着任何一条横线或纵线切开，并将切开后的两块进行对调，重新组合成一个新的图形（见 p36 页图 5），经过这样剧烈的变动之后，你可能会认为，原来的性质已丧失殆尽了吧！然而，令人惊讶的是，这种图形好像有

7	12	1	14
2	13	8	11
16	3	10	5
9	6	15	4

图 4

强大的记忆力似的，它竟然能保持上面说过的全部 5 条性质，你说奇怪不奇怪？”

“那么，我们是不是已经把这种奇妙图形的奥妙全部交代清楚了呢？”百灵舅舅说，“不，远远没有讲完。这倒不是我存心卖关子，留一手，而是因为如果想做进一步的介绍，就必须要有高深的知识，所以只好再过几年，等你们掌握了相关知识的

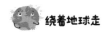

STEP 1

7	12	1	14
2	13	8	11
16	3	10	5
9	6	15	4

沿虚线切开

STEP 2

7	12	1	14
2	13	8	11

↻

16	3	10	5
9	6	15	4

上下对调后重新组合

STEP 3

16	3	10	5
9	6	15	4
7	12	1	14
2	13	8	11

图 5

时候再说了。"

最后，顺便再讲一句，这种神奇的幻方，以前认为其产地只有印度一家。近年来由于上海浦东开发，在陆家嘴地区发掘出了许多古墓，从这些古墓出土的文物中就有刻有这种图形的玉器挂件，这可是考古学家、数学史研究工作者万万没有想到的！神州大地，无奇不有，真是一个宝库呀！■

RAO ZHE DI QIU ZOU
绕着地球走

小百灵最近看小说《唐明皇》上了瘾，不但自己看得津津有味，还把这部小说推荐给她的表弟傻小子。

一星期后，傻小子到她家来还书，嘴里不住地咕哝："没劲，书里头人太多，记都记不住，比起我看过的那本儒勒·凡尔纳的《八十天环游地球》来，差得远呢！不信，你瞧瞧。"他一面说，一面把那本儒勒·凡尔纳的杰作，丢给了表姐。

"那个跟随安禄山造反的家伙，他的漫游经历难道没有打动你？"

小百灵噘起了嘴巴，不无责怪地反问。这一问不要紧，反而提醒了傻小子，使他想起了这两本书的一个共同点——行程问题。

"这个我倒有印象。那人后来弃暗投明，跟随郭子仪收复东、西两京，立下不少战功。

唐明皇也不念旧恶，封他为朔方节度使（主管一省或数省的地方军政长官）。战争结束后，他从长安回到家乡，3000里路程走了1个月，一路游山玩水，好不快活。表姐，我问你，他平均每天走多少路呢？"

"这么容易的问题，亏你好意思问我！**古时候的1里，就是现在的0.5千米，3000里相当于1500千米，拿30一除，他平均每天不是走了50千米吗？**"

"唐朝时候，交通工具很落后，路自然走不快。现在大不相同了，即使乘海船，1天走上250千米，也

是轻而易举的事。现在我问你，有一个人沿着北纬60度圈环绕地球1周，再回到出发地，行程约2万千米，要多少天才能回到原地？"傻小子并不生气，还是在除法上继续做他的文章。

"那不是一样的吗？数字虽然不同，问题的性质却没有改变，照老办法列个除法式子算一算就行了。$20000 \div 250 = 80$，唔，正好 80 天回到了原地。"

"如果照这样算，你就上当了！从前，有一个叫安东尼·皮卡费达的人，跟随麦哲伦一同环游世界。

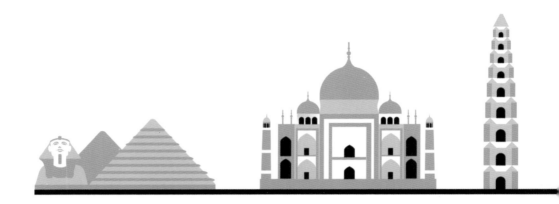

有一天他上岸打听当天究竟是星期几，按照他们的航海日志来看，那天应该是星期三，然而回话的人告诉他，那天已经是星期四了！凡尔纳小说里的主人公，出发前和人打赌一定在星期六回到家乡伦敦。可当他回家时按照他的漫游日志那天应该是星期天，约会已经过期1天，赌的东西已输掉了，于是心情十分懊丧。岂知他到家后家人告诉他那天还是星期六，于是他喜出望外，拼命地向约定地点赶去。"这段话使小百灵

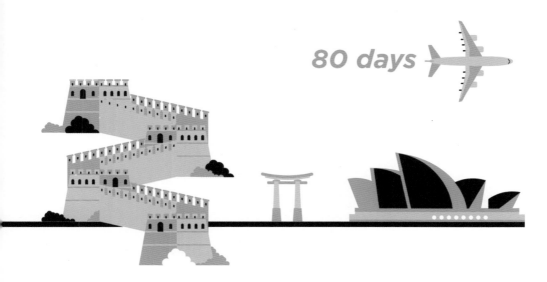

有所醒悟。

傻小子接着说："**在地球上凡是经度相差 15 度的两个地方，在时间上就要相差 1 小时；整个地球共划分为 360 个经度，相当于 1 天 1 夜 24 小时。我们的地球既然是个球体，东和西不可避免要碰头**。事实上，东经 180 度和西经 180 度是重合的，汇合于太平洋的中部。于是，天文学家和地理学家们商定了一条'**日期变更线**'。它弯弯曲曲地穿过太平洋上的无人区，

在这条线上，开始了年月日的交替。凡是航海的人，如果从东往西的话，经过这条线时就必须将日子往前跳1天；如果是从西往东的话，那就要把同1天计算2次。"

噢，原来是这样，小百灵明白了。照这样说，上面那个问题就有两个可能的答案。如果那人是从东向西走的，那么，他回到原地应该是用了81天；如果那人是从西向东走的，那么他回到原地应该是用了79天。

看来，无论什么题目，一味地做形式主义的除法是不行的，很易犯错误。要知道，在数学里头，单纯算式题与应用题之间有很大的差异，"一切都以时间、地点和条件为转移"。■

美国学生的怪题

"美国的小朋友，他们平时在做什么题呀？"有一天，傻小子忽然自言自语起来。

傻小子办任何事情，总容易"露馅"。即使是自问自答，他的声音也挺大。他刚才的话正好被小百灵听见了。于是，小百灵把他拉进书房，从抽屉里拿出一沓纸条递给他。

傻小子一看，上面写的全是英文，也有一些阿拉伯数字和算式，他不禁皱起眉头来。

小百灵挥挥手："傻小子，你别心急，翻到背面去看看，全译成中文了。"

傻小子一听，立即翻过一张看起来。但是，当他看到题目时顿时愣了一愣：

一艘货船装了75头牛，32头羊，试问船长几岁？

傻小子一看，脱口而出："这道题荒唐透顶！牛、

75×

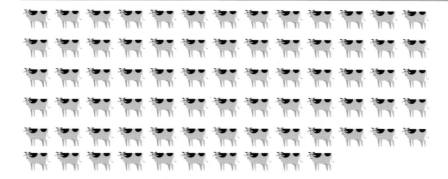

32×

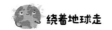

羊与船长一点儿关系都没有，根本不能做！"

可是，美国的小朋友们却做出了 3 种答案：

一种意见是船长今年 43 岁，列出的算式是：

75-32=43

另一种不甘示弱，他们认为"老"船长的高龄已
达 107 岁，算法是：

75+32=107

第 3 种意见是船长的年龄应该算得更"精确"一
些，他们的结论是 53.5 岁，理由是：

（75+32）÷2

=107÷2

=53.5

这道题其实是不能做的，但是这样认为的人只有
8%，居少数。

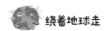

　　"美国的孩子，脑筋为什么这样笨？"傻小子与小百灵议论起来，一面又继续看第二道题目"国王是个小气鬼"。

　　蓬蓬国王为了获得贫穷老百姓的支持，图一个"乐善好施"的好名声，决定施舍每个男人1美元，每个女人40美分（1美元等于100美分），但他又不想太破费。于是，这位陛下盘算来盘算去，最后想出了一个妙法，决定将他的直升机在正午12时在一个贫困的山村着陆。因为他十分清楚，在那个时候，村庄里有60%的男人都外出打猎去了。该村庄里共有成年人口3085人，儿童忽略不计，女性比男性多。请问，这位"精打细算"的国王要施舍掉多少钱？

　　由于刚刚受到上面那道"船长年龄"怪题的影响，小百灵看了这道题目之后，几乎想都不想，立即做出了判断：这道题目根本不能做。因为山村里头究竟有多少男人，多少女人，题中没有说明，条件残缺不全，

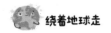

不是明摆着的吗？

可是，傻小子却不这么想。他总觉得题目出得怪，里面有"埋伏"。他想：要么是题目出得有问题，要么是不论有多少男人，答案全都一样。假定村庄里有1000个男人，因为60%的人都打猎去了，所以国王只能碰到400个男人，再加上料理家务的2085个女人，所以国王要施舍的钱，应当是：

$1 \times 400 + 0.4 \times 2085$

$=400+834$

$=1234$（美元）

如果村庄里只有500个男人，那么国王能碰到的男人为：

$500 \times (1-0.6) = 200$（人）

他的开销应是：

$1 \times 200 + 0.4 \times 2585 = 1234$（美元）

你看，答案是一样的。 ■

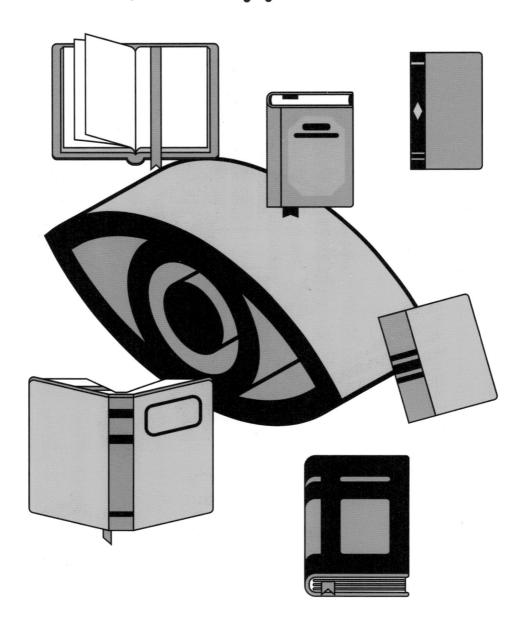

现在市面上有不少伪劣商品，从假烟、假药、假酒，到假钞票、假护照，甚至还有假书号。社会上有些不法之徒，在地下偷印黄色书刊，可是在书的封面上，居然也煞有介事地搞出一个正式书号来，使你不辨真假，当真以为是某些边远地区(他们大多冒充新疆、青海、内蒙古等地出版社的名义)所出的。甚至有些公安、司法、邮电部门的人，由于不熟悉业务，也被蒙在鼓里。

有一次，南方冒出一桩热点新闻：有位著名舞蹈家的头像，被"嫁接"到一个裸体女人身上，登在一本书的封面。受害人为此专门聘请律师打官司。然而，被指控的出版社在其答辩状中说："标准书号应该是 10 位数，那本书的书号却是 9 位数。其实本社也是受害者。"三言两语，就把起诉理由驳回去了。

傻小子就对这桩新闻产生了兴趣。他想：在"打假治劣"运动中，数学能起什么作用呢？他想从书中

找到点儿线索，但是，任何一本数学书，都没有谈到这个问题。他没有办法，只好去请教一位科普专家。

专家一听，笑眯眯地告诉他："好小子！你问得好。这个知识很有用啊。现在的国际标准书号，是全世界统一的，简称 ISBN。它共有 10 位*，分成 4 组。第 1 组是表示国家或地区的，如美国为 0，日本为 4，分给我们中国的数字为 7。因此，你若看到一本中国大陆出版的书，而第 1 个数字不是 7，那你即使没有孙悟空的火眼金睛，也能一眼看出它是'白骨精'了。

"第 2 和第 3 组是表示出版商与序列号的，各组之间都要用连字符隔开。最后一个数是检验数，它是检验真假的关键。

"那么，究竟怎样识别它呢？我们不妨举个例子。这里有一本书，是日本国际情报社发行的，由松田修先生编著，书名叫作《开遍野花的山路》。这本

---

* 国际标准书号已由 10 位升至 13 位。

书的书号是**4893221493**。你先数一数它是否是10位数。"

傻小子点了点数，然后连连点头称是。

接着，科普专家叫他把这个数字从左至右抄在纸上，并留下足够的空白位置，然后再把第 1 个数字重抄 2 遍：

4 8 9 3 2 2 1 4 9 3

4

4

傻小子写完后急忙催促科普专家不要卖关子，快快讲下去。

可是，这位科普专家并不着急，他让傻小子按"三角形"相加的方法把表填下去：表中第 2 行第 2 个数按此规律应为 **4+8=12**，第 2 行第 3 个数应为 **12+9=21**，这样依序填下去。

傻小子听完以后，莫名其妙，心想：这位先生要什么花招？不过，他还是按照要求把表填完了。

4	8	9	3	2	2	1	4	9	3
4	12	21	24	26	28	29	33	42	45
4	16	37	61	87	115	144	177	219	264

"最后一个数出来了吗？"科普专家问。

"出来了，它是 **264**。"

"你把它用 11 除一下，若除得尽，它就通过了检验，表明它是真正的出版物，否则它就是冒牌货。"

傻小子没有直接去除，他用一种著名的判定一个数能被11整除的办法，即把左、右两数一加，2+4=6，正好与夹在当中的数6相等，便肯定264能被11整除。这时他才明白最后一位检验数的作用——它是保证最后一个数能被11整除的关键。

"我还有一个问题没有明白，要是不法之徒也懂得这个窍门，那怎么办呢？"

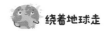

　　科普专家淡淡一笑："《西游记》里有些妖怪，本事很大，连孙悟空也没法对付。现在美国和日本已经发现一些'高科技'假钞票，连激光识别器也无能为力。但是，你要知道，'有矛必有盾'，干坏事的人，到头来终会有自投罗网的一天。"■

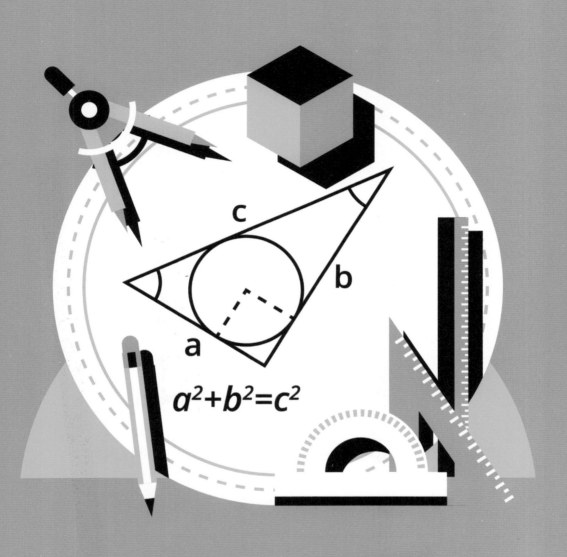

TI GUANG TOU

剃光头

西游记

《西游记》第84回有这样一段情节：

唐三藏师徒4人离开陷空山无底洞后，悟空扶着唐僧，沙僧肩挑着行李，八戒牵马，直奔西天大路而去。行进中，忽然看见从路旁两行高高的柳树中走出一个老太婆。她右手搀着一个小孩儿，看到唐僧师徒后，便对他们高叫："和尚们，不要走了，往西去死路一条。那里有一个'灭法国'，国王立下一个大愿，要杀1万个和尚。这两年已陆陆续续杀掉了9996个无名和尚，正要杀4个有名和尚以凑成1万之数。你们去，不是自投罗网吗？"

八戒、沙僧听了以后很害怕，想打退堂鼓。孙悟空却口出大言："别怕！我们曾遇到过很多妖魔鬼怪，经历过龙潭虎穴，何曾损伤过一根汗毛？他们只是一些凡人，有什么可怕的？"

话虽这么说，可是灭法国是他们的必经之路，怎样才能通过呢？孙悟空将师父、八戒、沙僧3人安置

到一个僻静的地方，自己一纵身跳到空中，往下观看城里的动静。接着，他又潜入城中，偷回几套俗人的衣帽。

4人装扮成俗人进了城，住进了赵寡妇店的大柜子里，不幸半夜被盗贼误当财宝连柜带人一起盗走，又被巡城的官军夺下。这下可倒霉了，落到灭法国国王手里，必死无疑。

半夜三更，孙悟空使了个魔法从柜子里钻出来，径直来到皇宫门外。他又用"大分身普会神法"，将右臂上的毫毛拔下来，吹口仙气变作瞌睡虫，于是全城之中人人昏睡；再将左臂上的毫毛拔下来，吹口仙气，变成了无数个小行者；又将金箍棒变成千百把剃头刀。一声号令，小行者们马上行动，纷纷前往皇宫内院、五府六部里剃头。

早晨，皇宫内院的宫娥彩女、皇后妃子，起来梳洗，发现一个个都没了头发。皇后急忙移灯去看龙

床，但见锦被窝中，睡着的也是一个"和尚"。皇后忍不住叫了起来，国王被惊醒。他摸摸自己的头，吓得魂飞魄散。正在慌乱之际，只见六院嫔妃，宫娥彩女，大小太监，皆光着头跪下道："主公，我们都做了和尚啊!"这最后一句真正是画龙点睛，神来之笔。言下之意，国王及其臣妾，都变成了和尚。按照灭法国的法律，他们也应该被斩杀，被消灭。

好了，问题出来了。灭法国国王把灭法国的一切人员分作两个**集合**：一个是和尚的集合，另一个是非和尚的集合；而分类的唯一标志便是看看他有无头发。他这个分类标志，其实改变了上述集合。我们知道和尚无头发，可是没有头发的不一定是和尚，也就是说没有头发不一定属于和尚的集合。结果让孙悟空钻了空子。如今全国大大小小的专权派都变作"和尚"，还杀不杀？

于是，国王彻底悔悟，愿拜唐僧为师，吩咐光禄

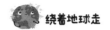

寺大摆筵席，并按照孙悟空的教导，把"灭法国"改名为"钦法国"，恭送他们出城西去取经。

读到这儿，你是不是觉得那位灭法国国王蠢得很可笑？

我们知道，"集合"是数学里头最基本的概念。在短短的一回书里，吴承恩先生就活灵活现地突出了这个概念。其实，在整本书里，吴先生还以瑰奇的想象，注入了许多数量类比与关系等数学知识，以后将慢慢介绍给读者。■

人参果树复活记

　　唐僧师徒在西天取经路上风尘仆仆。一天到了万寿山五庄观，观里有位大仙，道号镇元子。他这道院里有一棵人参果树，三千年一开花，三千年一结果，再有三千年才成熟。果子同婴孩相似，四肢俱全，五官皆备。人若是闻一闻，就能活三百六十岁，若要吃上一个，可活四万七千年。

　　那天，刚好镇元大仙不在家，上天办事去了。孙悟空看到门上有一副对联"长生不老神仙府，与天同寿道人家"，便笑道："这道士说大话吓人。"他心里很不服气，便自作主张地与八戒、沙僧等偷吃了几个人参果。不料看家的两个道童发现果子少了，便指着唐僧，污言秽语地骂不绝口。这下子惹恼了老孙，干脆用金箍棒打倒了人参果树，把园子里的古树名木也都打了个稀巴烂。

镇元子回家一看恼羞成怒，当然不肯罢休，便找他们算账。他乃地仙之祖，连菩萨也得让他三分，他同行者、八戒、沙僧决斗，仅不过两三个回合，便使出一个袖里乾坤

的手段，把宽松的道袍袖子迎风轻轻一展，就将 4 僧连马全部笼住。

镇元大仙吩咐"开油锅"，叫他手下把孙行者抬下去。4 个仙童抬不动，8 个来，也抬不动，最后加到 20 个，总算扛将起来；往锅里一扔，"嘭"的一声，溅起些滚油点子，把小道士们脸上烫出几个大泡。"锅漏了！锅漏了！"小道士们乱喊，定睛一看，锅底已被打破。原来里面是一只石狮子，孙悟空把石狮子变成他的模样，自己早已脱身逃走。

大仙勃然大怒，但也无可奈何，只好同孙悟空讲和："你若能把树医活，我与你八拜为交，

结为兄弟。"

好个猴王，急忙驾起筋斗云，前往东洋大海求助。他前后到过蓬莱、方丈、瀛洲，可是各位仙翁都束手无策。人参果树乃是开天辟地之灵根，如何可治?无方!无方!

最后到了普陀山，求见观世音菩萨。菩萨答应了悟空的要求，用杨柳枝蘸出净瓶中的甘露水。只见片刻之间，那人参果树便变得青枝绿叶郁郁葱葱，园中的其他奇花异草也全都变活。镇元子心中大喜，从树上敲下来 10 个人参果，办了个"人参果大宴"，请菩萨坐了上面的正席，大家各食一个，皆大欢喜。

镇元子安排丰盛酒菜，与行者结为兄弟。这真是不打不相识，两家合一家。由于机会难得，他建议大家各自植树一棵，留作永久纪念。唐僧师徒、菩萨，福、禄、寿 3 星，

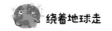
以及五庄观的各位仙灵，正好是 12 人。

东道主提出：事先得有个规划，设计出一个蓝图，使得植好的树看上去整齐美观，体现出仙家的高水平。这桩任务落到博古通今、知识渊博的唐三藏头上。唐僧果然不负众望，略一思索，便画出下页的图案（图6）。大家一看，12 棵树种成 6 行，每行 4 棵，均匀对称、美观大方兼而有之，纷纷拍手叫好。说时迟，那时快，不消一顿饭工夫，12 棵"圣树"都种下去了。

种树问题是数学里有名的题目，古今中外有不少人在研究。这个问题有一定难度，它和数学里两门很高深的学科——射影几何与图论都有密切关系。美国趣味数学大师山姆·洛伊德曾经花费大量精力，穷思苦想，进一步得出了如图 7 "二十棵树"的排列图案。许多孩子看到它之后，都赞叹"这样美丽的几何图案，我在任何公园都从未看到过"！■

图 6

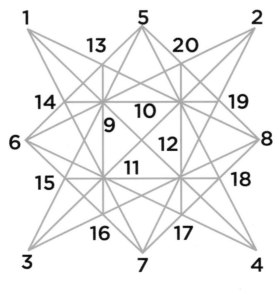

图 7

白骨精的"盒饭"

　　俗话说："不打不相识。"孙悟空与五庄观的镇元子结为兄弟后，难分难舍。唐僧师徒们一连被款待了五六天。无奈唐三藏取经心切，只好依依惜别。

　　别了五庄观，来到一座高山。三藏腹中"咕噜咕噜"地响，原来是肚子饿了，便吩咐悟空去化些斋饭来吃。悟空便取了钵盂，纵起一道祥云，直奔南山而去。

　　常言道："山高必有怪，岭峻却生精。"孙大圣去时，惊动了妖怪。于是妖怪在山坳里，摇身一变，变作一个18岁的美貌小姑娘，左手提着一个青砂罐儿，右手提着一个绿瓷瓶儿，直奔唐僧而来。猪八戒一见她生得俊俏，不禁动了凡心，忍不住胡言乱语，主动上前去搭讪，问她要到哪里去，提的是些什么东西。

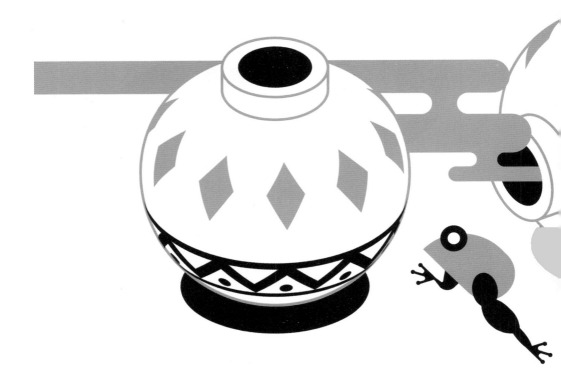

那女子回答："青罐里是香米饭，绿瓶里是炒面筋，特地前来斋与圣僧。"猪八戒怕悟空回来要把饭菜分成 4 份，于是不容分说，一嘴把罐子拱倒，就要动口。

正好孙行者从南山顶上摘了桃子，托着钵盂，一筋斗翻回来，睁开火眼金睛，认出那女子是妖精，便拿出金箍棒，当头就打。那妖怪倒也有些手段，使个"尸解法"，把尸体留在地上，真身驾云逃走了。

　　唐僧被吓得战战兢兢，口出责备之言："这猴头着实无礼！屡劝不听，又无故伤人性命！"行者道："师父莫怪，你过来看看，这罐子里是什么东西。"说罢，一脚踢倒了瓶罐。

　　沙和尚搀着唐三藏，近前看时，哪里是什么香米饭，却是一罐子拖着尾巴的长蛆；瓶子里也根本不是炒面筋，却是青蛙、癞蛤蟆，满地乱爬乱跳。唐僧这

才有三分相信。

八戒、沙僧等围在一起观看，并清点了数目，真奇怪：青蛙的只数是一个 2 位数，竟还是一个素数哩！癞蛤蟆比青蛙多，居然也是一个素数，而且这两个素数互为逆序数（一个数与另一个数倒着读时一样，如 12 和 21 就互为逆序数）；更奇妙的是，青蛙数的平方与癞蛤蟆数的平方也互为逆序数！

把青蛙和癞蛤蟆加起来，正好等于 44 只，恰巧是长尾巴蛆虫的只数，相当于青蛙和癞蛤蟆"每人"摊到一只。原来，此妖精便是大名鼎鼎的"白骨精"，那天出师不利，碰到了不买账的孙悟空，给她来个"当头一棒"。于是妖精灵机一动，就用 44 来影射她的"死月死日"。

那么，你可知道，青蛙和癞蛤蟆到底分别有多少只呢？或许你会说，数据不足，列方程好像也列不出来呀！别着急，44 是个偶数，根据赫赫有名的"哥德

巴赫猜想",它可以拆成两个素数之和。对本题来说,拆法有如下几种:

44=3+41=7+37=13+31

怀疑对象虽有3对,可是,明眼人一下就能把13与31揪出来!它们不正是互为逆序数吗?另外,$13^2=169$,$31^2=961$,而**169**与**961**也正好是互为逆序数。

白骨精的鬼点子就此被识破了。可是当年的唐三藏却没有识破诡计,反而听信了猪八戒的恶言中伤,认为青蛙、癞蛤蟆与长尾蛆都是孙悟空变出来的,还把孙悟空驱逐出去,为此他也差点儿惹来杀身之祸。没有孙行者的保驾,西天虽有路,取经却无门啊!■

花果山的猴子

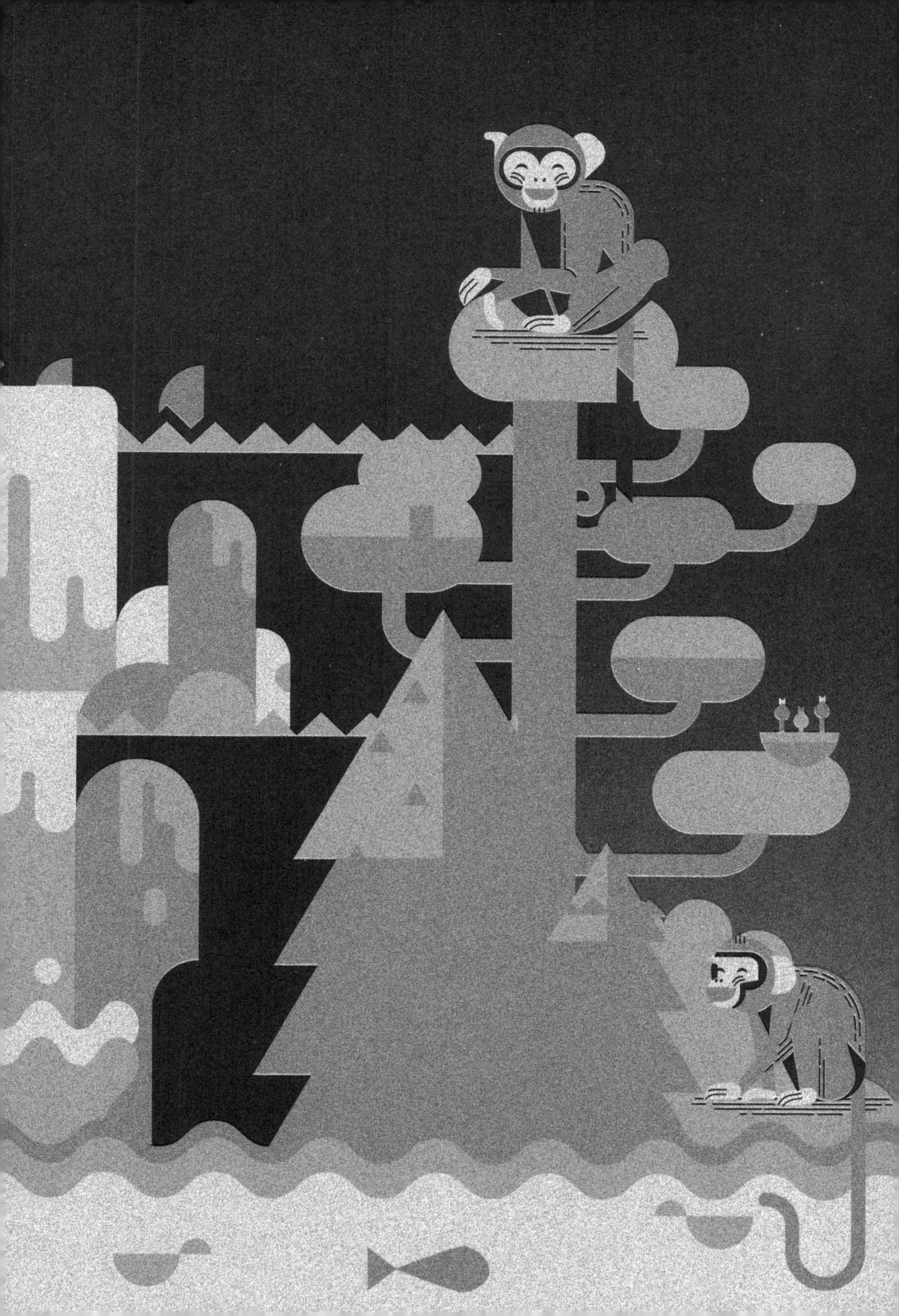

话说孙悟空因为三打白骨精，被猪八戒在唐僧面前告了一状。唐僧耳软，听信谗言，认为孙悟空滥杀无辜，"出家人慈悲为本，你一连打死3人，我说什么也不能收留你了，你回花果山去吧！"

悟空愤愤而去。他纵身一跳，越过了东洋大海，到达花果山下。只见那山上花草俱无，树木干枯，穷山恶水，好不凄惨。正在伤心凭吊之时，忽然听见野草坡前，蔓荆凹里哗啦一响，跳出七八只小猴子。小猴子一拥而上，围住悟空叩头，高叫道："大圣爷爷，您回来了！小的们有救啦！"随后七嘴八舌地说开了：自从孙大圣大闹天宫，犯了天条，被捉拿归案之后，花果山被显圣二郎神放火烧毁了。

大圣听后，非常难过，便问："还有多少兄弟在此山上？"群猴回答："老老小小加在一起只有千把。"大圣大怒道："我那时约有47000只猴子，如今都到哪里去了？"

群猴道："自从大圣爷爷去后，这山被二郎神点上火，我们蹲在井里钻在涧内，才保住了性命。"接着，猴子们向孙悟空报告了这场大灾的经过：一开始，猴子们被二郎神的天兵天将们剿杀了一大半；火灭烟消以后，从藏身处逃出来的猴子找不到充饥之物，饿死一半；离乡背井，逃到其他山头另谋出路的又有一半；猎户们上山打猎，刀箭齐施，设阱放毒，把小猴子们拿去剥皮剔骨，酱煮醋蒸，油煎盐炒，当小菜吃的又是一半；被活活抓住，叫它们跳圈做戏，翻筋斗，竖蜻蜓，在街头巷尾，筛锣擂鼓，干着"猢狲耍把戏"行当的也有一半。现在，剩下的猴子并没有散伙，被马、流2元帅，奔、芭2将军组织起来。这4个头头儿，当

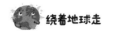

初也是由孙悟空封的官。

孙悟空听完之后，勃然大怒。不过，二郎神是玉皇大帝嫡亲外甥，来头太大，他是惹不起的；但猎户们是"软腰"，一定要好好报复他们一下，出一出心头的恶气。孙悟空怎样报复的呢？读者可以自己查书阅读。

花果山猴子的重大减员，是一个很有趣的数学问题。作者吴承恩老先生告诉我们，原有猴子47000只左右，大难以后，还剩1000左右。不过，这里所说的47000与1000都是概数。其实，此种说法，并非《西游记》独创。人们常说：唐、宋、明、清四朝代，各领风骚300年。然而，实际上唐朝的统治年代为公元618到907年，只有289年；宋朝分作南、北两段，是公元960到1279年，有319年之多。如果以300年作为中心数，那么，前者的相对误差为 $\frac{300-289}{300}=3.67\%$，后者的相对误差是 $\frac{319-300}{300}=6.33\%$，两者都没有超过

10%。

被二郎神斩杀的猴子占了总数的一大半。"一大半"是个模糊概念，究竟是多少呢？照现代模糊数学的说法，"一半"是指$\frac{1}{2}$，"大半"在$\frac{2}{3}$左右，"小半"基本上是指$\frac{1}{3}$。

所以，多灾多难的花果山猴群，经过历次减员剩下的猴子数大体可以用$\frac{1}{3}$、$\frac{1}{2}$、$\frac{1}{2}$、$\frac{1}{2}$、$\frac{1}{2}$这一串分数来描述。

现在就让我们推算一下，花果山极盛时期，到底有多少只猴子吧！

先用 47010 这个数试一试：

$$47010 \times \frac{1}{3} = 15670 \quad 15670 \times \frac{1}{2} = 7835$$

但7835是个奇数，不能被2整除了，总不能剩下的猴子有半只零头数吧！所以此数不合题意。

那么，再用47040去试试。这个数比较理想，因为其历次递减情况为：

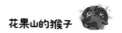

47040 → 15680 → 7840 → 3920 → 1960 → 980

但是，在接近47000而较它略小一些的数当中，46992也很理想。如果以它为基数，则猴群的变化情况为：

46992 → 15664 → 7832 → 3916 → 1958 → 979

我们看到最后的猴子数979，仅比980少1只；而46992的误差却小得多。

因此不妨认为，孙猴子原先的部下有46992只。这种"倒果为因"的推理法，在科研与应用中是很有用的。■

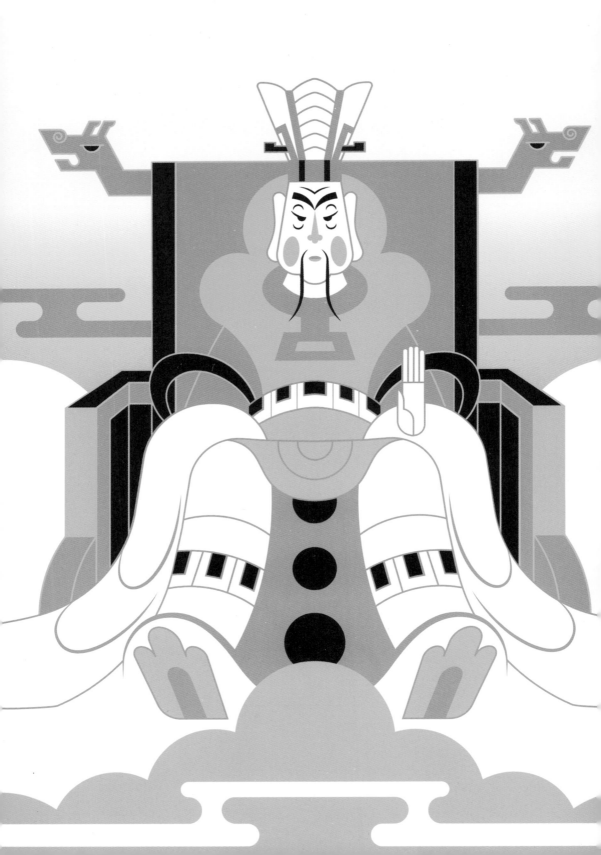

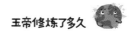

YU DI XIU LIAN LE DUO JIU
玉帝修炼了多久

《西游记》里那位高坐金阙云宫凌霄宝殿的玉皇大帝，备受尊敬，所有人对他都是诚惶诚恐。然而孙猴子却不买他的账，胆敢举起"造反有理"的大旗，大闹起天宫来。他有他的如意算盘："皇帝轮流做，明年到我家。他该搬出去，把天宫让给我。"

孙猴子的狂妄野心，遭到如来佛祖的痛斥："我是西方极乐世界释迦牟尼尊者，南无阿弥陀佛。你只是个猴子，怎敢有如此野心？玉帝自出世就修炼，经历过一千七百五十劫，每劫十二万九千六百年。你算算看，他经历了多少年，才享受到如此至尊高位？"

佛祖的一席话让孙猴子吃惊。他实际上给孙猴子出了一个题目。读者不妨代孙猴子算一算。这里要补充一点，"劫"是一种很长的时间单位。

让我们列出算式吧：

129600×1750=226800000（年）

哇，玉皇大帝登基时的岁数是两亿两千六百八十万年！他这一任可以干多久呢？看来也得两亿多年。因为，按照玉帝的经历，下一任玉皇大帝的产生也需要两亿多年。任期如此漫长，当然不可能连任了。那么，从现在到宇宙灭亡，还能有几任玉帝呢？

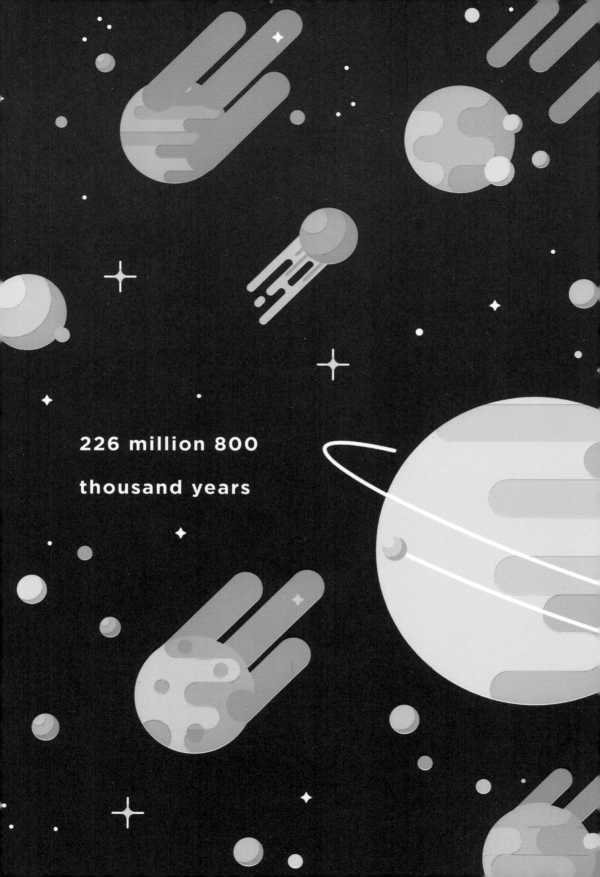

226 million 800

thousand years

按照著名天文学家卡尔·萨根的说法，"大爆炸"可能是宇宙的开端，距今大约 150 亿年；宇宙的末日可能是"大压缩"。从现在到"大压缩"，就算还有 150 亿年吧，以 2.268 亿年为一个任期，不难算出：

150÷2.268≈66.13

常言道：国不可一日无君。所以从现在到宇宙的结束，还要再出来 66 位玉皇大帝。

但从《西游记》的结尾，我们已经知道，孙悟空已经修成正果，被如来佛祖封为斗战胜佛。有朝一日，孙悟空是完全有可能当上未来的"玉皇大帝"的。

当然，这都是神话故事喽！ ■

PAN SI DONG WU KONG XIANG YAO
盘丝洞悟空降妖

唐三藏师徒一路西行，到了一个山岭。岭下有洞，叫作盘丝洞，里面住着 7 个女妖怪。

唐僧因腹中饥饿，想去化一顿素斋来吃，便独自走进盘丝洞。众女妖一看唐僧来到，非常热情，由 3 人陪同唐僧，假意说些因缘，另外 4 人下厨做饭菜。饭菜竟用人油煎炒，用人脑子做"豆腐干"。唐僧哪敢动口吃。众妖便用绳子把他捆住，悬梁高吊，脊背朝上，肚皮朝下，叫作"仙人指路"。

猪八戒自告奋勇，要去打妖怪，解救师父。岂知，这时众妖精正在濯垢泉里洗澡。八戒丢下钉耙，"扑"的一声跳下水去，变作一条鲇鱼，在妖怪的腿裆里钻来钻去。妖怪们连忙作法，从肚脐眼里"吐"

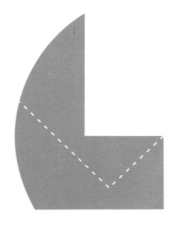

图 8

出丝绳，把八戒罩在当中。原来，妖精们是7只蜘蛛精所变。

八戒被妖怪整得昏头昏脑，忍着痛回来了。悟空一看八戒输了，便带着沙僧和八戒杀气腾腾地来到庄前与妖怪搏斗。

妖怪见他们来势凶猛，一个个现出本相，叫声"变"，马上一个变十个，十个变百个，百个变千个，千个变万个……只见满天飞蝗蜂，遍地舞蜻蜓，毛虫前后咬，蚱蜢上下叮。八戒大惊："西方路上，虫子也欺负人哩！"悟空却说："没事！没事！我自有手段！"

图 9

好个大圣，拔了一根毫毛，一呼气，即刻变出了 7 种花色的鹰，铺天盖地。鹰最能抓虫，一嘴一个，爪打翅敲，片刻工夫，就消灭了它们。地上积了一尺多厚的昆虫尸体。唐三藏被救出来了，7 只蜘蛛精也全都被打死了。

悟空真是能耐不小，他有"善变"的本领。在取经路上，他曾经收缴过某妖怪的一件锋利兵器（如图8）。八戒、沙僧看了想要，悟空一口答应，便将它分成一模一样的两半，给了他们俩（如图9）。

八戒是个糊涂虫，干任何事情都是马马虎虎的。

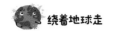

沙僧却要认真得多（所以后来西天取经回来，沙僧虽是师弟，他的"正果"位置却比师兄八戒高得多），他问孙悟空，分到手的兵器同原来的形状怎么不大一样啊？

大圣却说："我有时候，变出来的小东西能和原来的一模一样！俺老孙有一次翻起一个筋斗云，到了非洲埃及地界。那个地方有个'狮身人面像'（如图10），我略微动动脑筋，就把它1分为4了。不过，后来我又把它们恢复了原状，免得后人唾骂我破坏文物。此外，我还能分身无数。"悟空真能说大话。

不过，在数学里，任何三角形或平行四边形都可利用其中线，把它们1分为4（如图11）。这样一来，**1 变 4，4 变 16，16 变作 64……而任何图形都可以把它们看成是由很小很小的三角形拼出来的！**所以，分身无限，在数学里是立得住脚的。■

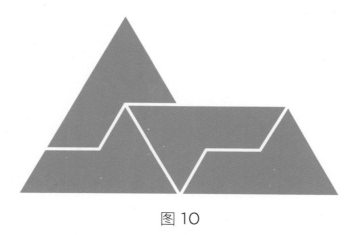

图 10

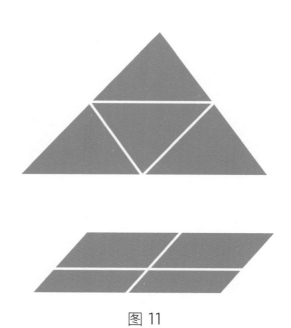

图 11

XIAO JI ZHUO MI SHAN

小鸡啄米山

一天，唐僧师徒来到一座荒凉的城市，只见街头冷落，人烟稀少，一片荒凉。几个官员正在市口张贴告示，招聘法师为民求雨。原来，这个地方是天竺国属下的凤仙郡。此地3年没下过一滴雨，寸草不生，五谷不长，真可谓草子不生绝五谷，十门九户都啼哭。

孙悟空看了告示后，不屑地说："这有何难？俺老孙送你一场大雨！"说罢，立即念起咒语，召见东海龙王敖光，提出降雨要求。敖光说："启奏大圣，我虽能行雨，但需大圣到天宫奏准。玉帝下一道降雨圣旨后，小龙才敢照办。"

悟空一听，一个筋斗来到西天门外，由邱弘济、张道陵、葛仙翁、许旌阳4大天师引到凌霄宝殿见了玉帝。玉帝问明来意，说："凤仙郡主3年前冒犯了天地，竟敢把斋天的素菜推倒了喂狗。因此我立下规矩，他须办完3件事，才能下雨。"哪3件事呢？

4位天师带领悟空来到披香殿，只见一座米山约

有33米高，一座面粉山约有66米高。米山旁边有一只小鸡在啄米吃，一只金色哈巴狗则在长一舌短一舌地舔面吃。铁架上挂着一把长、宽均约半米的金锁，锁把有指头般粗，锁下面有一盏明灯，灯焰燎着锁。玉帝旨意：等小鸡把米啄尽，狗把面舔光，灯焰燎断锁，凤仙郡才能下雨。

悟空听后大吃一惊，脱口而出："这米何时能吃得完？"天师们笑道："你这猴头，就知道狂妄。你自己算算看，米山是圆锥形的，高约33米，底面圆半径约为25米。那小鸡一天一夜可吃完37立方厘米。等把米吃完，你说要花多少时间？"

为了救民，悟空岂能坐视不管。于是，他算开了。根据圆锥体积公式计算：

$$V = \frac{1}{3} \pi r^2 h = \frac{1}{3} \times 3.14 \times 25^2 \times 33$$
$$= 21587.5 （立方米）$$

每年按照365天计算，小鸡一年可吃掉米

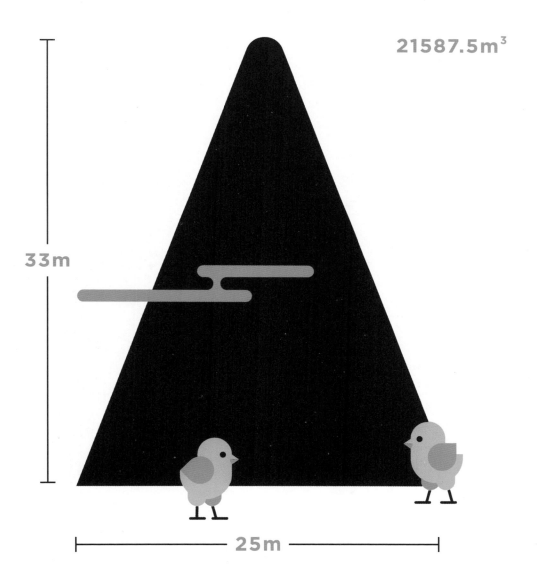

21587.5m³

33m

25m

365×37=13505立方厘米=0.013505立方米。啄完这座米山需要的年数为：

21587.5÷0.013505≈1598482（年）

≈160（万年）

大约需要160万年！悟空算完，不禁吐了吐舌头，再也不敢启奏。4大天师笑道："大圣不必烦恼，若凤仙郡主悔过自新，大办善事，那米山、面山顷刻就变小，锁也会立即断开。玉帝只不过存心吓唬他们而已。"

悟空一听开了窍，立即返回，命郡主及众百姓大行善事。郡主及众百姓哪敢不依，个个行善。不久，全郡便出现夜不闭户、路不拾遗的崭新气象。玉帝大悦，命令雨神一日之内下足大雨。只见东西河道条条满，南北溪湾处处通，禾苗得润，枯木回生。从此以后，凤仙郡风调雨顺民安乐。为表谢意，凤仙郡主请人专门造了一所寺院，取名为"甘霖普济寺"。■

　　唐僧师徒离开玉华城，路过慈云寺，和尚们挽留他们，一起欢度正月十五元宵佳节。大家一起进城看灯。

　　正在兴高采烈的时候，突然半空中呼呼风响，出现了 3 位佛爷。糊涂的唐僧向他们顶礼膜拜。可是佛爷们并不领情，一阵妖风过后，唐僧被抓走了。

　　天上的值日功曹告诉孙悟空，他们是 3 只犀牛精，号称"辟寒大王""辟暑大王""辟尘大王"。真是狗胆包天，竟敢冒充佛祖。悟空自觉孤掌难鸣，又怕耽搁时间，师父真的被妖精煎吃了，于是赶紧上天求救。玉皇大帝派了二十八宿中 4 位带有"木"字头的星君下凡去收降妖精，解救唐僧。这 4 位星君随同悟空来到了青龙山玄英洞。果然是"一物降一物"，这 4 位星君，把 3 个妖精杀得大败，其中一个被咬死，另外两个被生擒活捉，唐僧得救了。猪八戒和沙僧两人将洞中的宝贝全部搜出来。珊瑚、玛瑙、琥珀、珍珠、美玉、赤金，真是眼花缭乱，美不胜收。此时，孙悟空还在擒妖捉怪，八

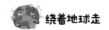

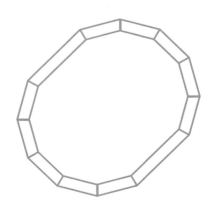

戒和沙僧闲着没事。

八戒说："咱们把珍宝数数，看看到底有多少件？"沙僧说："我来看管俘虏，二师兄你一人去点数吧。"

八戒真是个懒猪，光想吃喝，不爱动脑筋。他根本不把宝贝分类，而是不分青红皂白地"一锅煮"。又怕1件1件地数太麻烦，于是就2件2件地点数。可是数着数着，前面的数忘了，最后只剩下1件，只好从头再数。这回改成3件3件地数，数到中间竟又忘了，最后也只剩下1件。八戒只好又从头数起，为了快一点儿，这回是4件4件地数，数数又忘了，只知道最后还是剩下1件。八戒的脑子大概出了毛病，5件5件地数，6件6件地数，7件7件地数，直到10件10件地数，数了多少还是忘了。不过，最后总是剩下1件宝贝。折腾了半天，把八戒累得满头大汗，

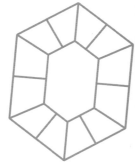

也没数清楚。"真是活见鬼！妖精的宝贝居然也在戏弄我。"八戒嘟囔着。懒八戒一次也没有记住准确数，怎么办？这个问题解决起来倒也不难。宝贝的总数肯定是2，3，4，5，6，7，8，9，10的倍数再加1。不过有的小朋友可能会说，要求出这么一大堆数(共9个)的**最小公倍数**，不是也很麻烦吗？怪不得猪八戒算不出来呢。

告诉你一个小窍门：只要求5，7，8，9这4个数的最小公倍数就行了。因为能被8除尽的数，肯定也能被2和4除尽，别的数也可依此类推。另外，5，7，8，9又是**互质**的，**最大公约数**是1。因此，只要把5，7，8，9这4个数连乘一下就行了，于是可以得到：$5 \times 7 \times 8 \times 9 = 2520$。再把它加上1，宝贝的总数是2521件。不过，2520的任意正整数倍再加上1都是满足条件的。当然，那样的话，宝贝太多了，铺天盖地，不把老猪数得昏天黑地才怪呢！后来，经过审问，妖精招供，宝贝总数的确是2521件。■

你看过阅兵的雄伟场面吗？瞧！军士们列成方队，正步走过检阅台前，多么雄壮，多么威武！

说起方队，它倒和东汉末年农民起义英雄张角所领导的队伍有密切关系呢。

打开《三国演义》，在"桃园三结义"之前，就提到了当年的一件翻天覆地的大事——黄巾起义。原来，东汉末年，政治腐败，人心思乱，盗贼蜂起。巨鹿郡有兄弟3人——张角、张宝和张梁。张角曾经入山采药遇见一位老人。老人鹤发童颜，从山洞里拿出3本"天书"送给他。后来瘟疫流行，张角施诊给药，免费为人治病，信徒越来越多。张角本是一位野心家，到处散布流言，说什么"苍天已死，黄天当立"，打算乘机推翻刘家王朝，自己来做皇帝。

张角的势力日渐膨胀，羽翼渐丰。起义前夜，他下令成立的军事组织就有36方。"方"指"方阵"。规模如何呢？《三国演义》告诉我们："大方万余人，

小方六七千。"为了讲得更明确些，不妨分成大、中、小 3 等，其中大方有万余人，中方七千余人，小方六千余人，相当于现在的一个师、旅和团的兵力。

打出造反旗号之后，张角自封"天公将军"，大弟张宝称为"地公将军"，小弟张梁叫作"人公将军"。说起来也真奇怪，把 36 方兵力合起来，再加上"天、地、人" 3 位主帅，又正正好好是一个更大的方阵，总兵力可达 20 多万人，声势浩荡。如果没有曹操、刘备、关羽、张飞等半路杀出来，也许张角会成功的。

黄巾军到底有多少人？《三国演义》里讲得模糊。现在，我们可以试探着算一算。

"大方"是多少呢？1 万人略为出头一点儿。由于 **101²=101×101=10201**，显然这个数很符合题意。

"中方"是 7000 余人，由于 **84×84=7056**，而 **83×83=6889**，两者一比较，所以"中方"可认为是每边 84 人的方阵；同样，"小方"有 6000 余人，由

于 **78×78=6084**，而 **77×77=5929**，看来前一

个数是令人满意的。

有意思的是，如果有 10 个 "小方"，20 个

"中方"，6 个 "大方" 的话，则将士们合计便是

60840+141120+61206=263166。再加上张家 3 兄弟，

总兵力是 **263169**，不多不少，正正好好是一个大方阵（每边 513 人）。

　　不少东汉人被张角的数字游戏迷惑，《三国演义》上也说张角有点儿"妖气"。他巧妙地利用这种手法，使他的追随者越来越多。■

SHAO JIAO DE YI ZHU
烧焦的遗嘱

  在美国，大侦探梅森是个名声显赫、家喻户晓的人物。人们认为他目光如电、明察秋毫，能够洞悉一切阴谋诡计。梅森何以有这么大的本事呢？这与他爱好数学，用数学来砥砺心智是分不开的。用他自己的话来说便是：数学是块磨刀石；我的大脑好像一把快刀，不磨就会变钝。

  有一次，梅森被当事人请去办一桩棘手的案子。百万富翁、曾经当过得克萨斯州州长的布朗先生，不幸死于一场电线老化而引起的大火。这完全是一个偶发事件，没有凶犯，也没有他人受伤。然而，伤脑筋的是，布朗先生唯一的一张遗嘱被烧焦了，字迹难以辨认。该遗嘱一无副本，二无复印件。不过，布朗先生在生前曾对他的律师及亲友们多次讲过，他的继承人为数众多，百人以上，千人以下，全部遗产要平均分配，各人所得之款一模一样。为此，遗嘱里写着一个长长的除法竖式：

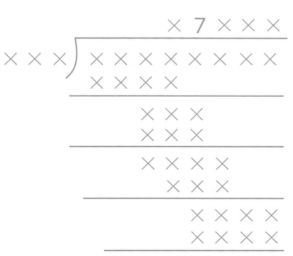

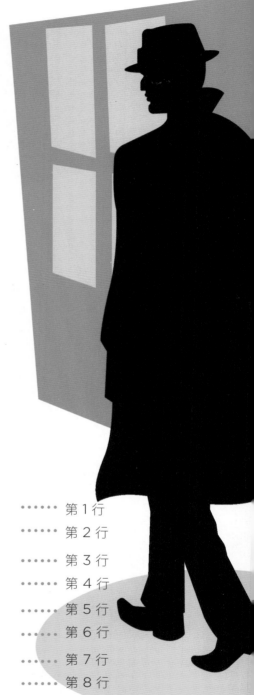

…… 第 1 行
…… 第 2 行
…… 第 3 行
…… 第 4 行
…… 第 5 行
…… 第 6 行
…… 第 7 行
…… 第 8 行

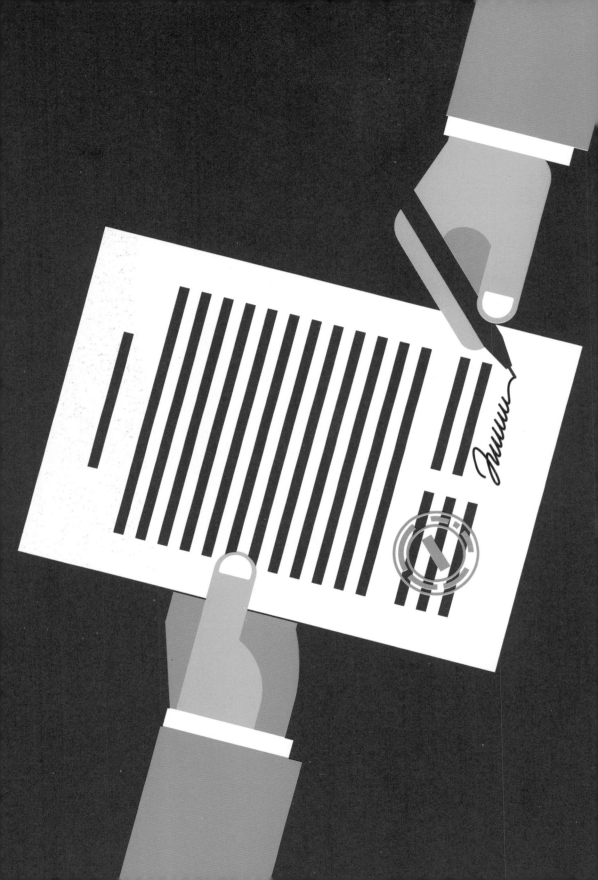

不幸的是，在这个除法算式中，只有商数的第 2 位数字可以辨认出是 7。在显微镜下，可以看出除法已经进行到底，而且正好除尽，没有余数。

或许对一般人来说，这样微不足道的线索并没有什么用处，然而，这对梅森来说已经足够了。通过认真思索与无懈可击的推理，梅森发现被除数正好是布朗先生的遗产总值（单位为美元），而除数等于继承人的总数——梅森圆满地解决了这个"无头案"。

那么，梅森是怎样进行逻辑推理的呢？

美国数学家格雷汉曾用这个问题测试一些人的智力。为了解决这个问题，大家各显神通，用的方法也大有差别。有的人用了十几个步骤才得出正确结果。其实，要完全解开这个谜，只要 3 步就行了。请看：

(1) 商数的第 4 个数字肯定为零。因为在算式中可以看到，被除数的最后 2 个数字被同时拿下来了。

(2) 商数的第 1 个数字与最后 1 个数字都比商的

第 3 个数字来得大，因为它们与除数的乘积是 4 位数，而后者仅是 3 位数。那它们与第 2 位数字 7 相比，是大是小呢？容易看出，第 4 行与第 6 行都是 3 位数，而第 3 和第 4 行的差数是 3 位数，第 5 和第 6 行的差数只是 2 位数（从被除数相应位置上直接移下来的数字不算），这就非常有力地证明了，第 6 行必大于第 4 行。于是可以肯定，商的第 3 位数字必定比 7 大。综合起来看，商的首位数与末位数必等于 9，而商的第 3 位数字为 8。于是可以判定，商一定等于 97809。

(3) 除数的 8 倍只是个 3 位数，所以除数决不能大于 124。第 7 行与第 8 行是完全一样的（否则就意味着除不尽）。除数如果是 123 或比它更小，第 7 行的前 2 位数也必然得不到 11。所以，除数既不能大于 124，又不能小于 124，那就只能是它了。

现在，商数与除数都已求得，我们就可得出完整的除法算式：

```
              9 7 8 0 9
   124 / 1 2 1 2 8 3 1 6
         1 1 1 6
             9 6 8
             8 6 8
           1 0 0 3
             9 9 2
               1 1 1 6
               1 1 1 6
                     0
```

梅森的推理令人心悦诚服。他得到了一大笔酬金。

后来，他把这些酬金全部捐给了儿童慈善团体。■

图书在版编目（CIP）数据

绕着地球走 / 谈祥柏著；许晨旭绘 . —— 北京 : 中
国少年儿童出版社 , 2020.6
（中国科普名家名作 . 趣味数学故事 : 美绘版）
ISBN 978-7-5148-5894-5

Ⅰ . ①绕… Ⅱ . ①谈… ②许… Ⅲ . ①数学 – 少儿读
物 Ⅳ . ① O1-49

中国版本图书馆 CIP 数据核字（2019）第 296333 号

RAO ZHE DI QIU ZOU
（中国科普名家名作——趣味数学故事·美绘版）

出 版 发 行：中国少年儿童新闻出版总社
中国少年儿童出版社

出　版　人：孙　柱
执行出版人：马兴民

责任编辑：李　华	著　　者：谈祥柏
责任校对：刘文芳	绘　　者：许晨旭
责任印务：厉　静	封面设计：许晨旭

社　　　址：北京市朝阳区建国门外大街丙 12 号	邮政编码：100022
编 辑 部：010-57526336	总 编 室：010-57526070
发 行 部：010-57526568	官方网址：www.ccppg.cn

印刷：北京市雅迪彩色印刷有限公司

开本：720 mm × 1000mm　　1/16	印张：8
版次：2020 年 6 月第 1 版	印次：2020 年 6 月北京第 1 次印刷
字数：160 千字	印数：8000 册

ISBN 978-7-5148-5894-5　　　　　　　　　　定价：29.80 元

图书出版质量投诉电话 010-57526069，电子邮箱：cbzlts@ccppg.com.cn